遇见一只锅，麦饭石锅做美食

爱可生　主编

中国纺织出版社

图书在版编目（CIP）数据

遇见一只锅，麦饭石锅做美食 / 爱可生主编 . -- 北京：中国纺织出版社，2019.1

ISBN 978-7-5180-5281-3

Ⅰ. ①遇… Ⅱ. ①爱… Ⅲ. ①食谱 Ⅳ. ① TS972.129.1

中国版本图书馆 CIP 数据核字 (2018) 第 176480 号

摄影摄像: 深圳市金版文化发展股份有限公司　图书统筹: 深圳市金版文化发展股份有限公司

责任编辑: 樊雅莉　责任印制: 王艳丽

中国纺织出版社出版发行
地址: 北京市朝阳区百子湾东里 A407 号楼　邮政编码: 100124
销售电话: 010-67004422　传真: 010-87155801
http://www.c-textilep.com
E-mail:faxing@c-textilep.com
中国纺织出版社天猫旗舰店
官方微博 http://weibo.com/2119887771
深圳市雅佳图印刷有限公司印刷　各地新华书店经销
2019 年 1 月第 1 版第 1 次印刷
开本: 710×1000　1/16　印张: 10.5
字数: 100 千字　定价: 45.00 元

前言

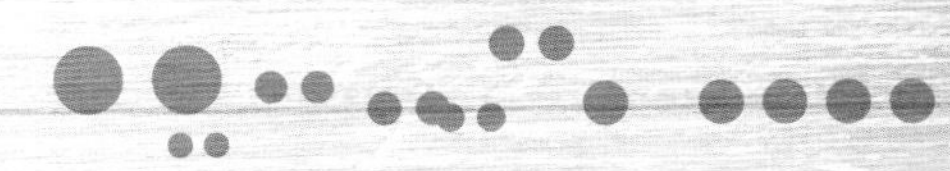

民以食为天，一口好锅方能成就美味且健康的菜肴，生活也会变得别有一番滋味。但厨房常常是油烟“重灾区”的代表，应该没有哪个主妇愿意被熏成黄脸婆，也没有人想诱发肥胖，甚至因为烹饪不当而增加患病的风险。如果有这样一口锅，不仅可以终结油烟，还能烹饪出营养与口感兼得的菜肴，那应该是每个家庭都想拥有的“幸福礼物”吧！

麦饭石锅就是这样一份礼物，不管是对厨房敬而远之的新手，还是钟爱美食制作的达人，都难以抗拒麦饭石锅独具的“魅力”。麦饭石锅的锅体拥有高性能的导热和保温效果，能使菜肴受热均匀，不易煳锅；辅以独特的蒸汽设计，少油少水，热量易穿透食材，保留食物营养，快速做出色香味俱佳的菜肴。

麦饭石锅正以其独特的工艺和使用特点，成为美食届的“实力新宠”，但您可能还没有真正了解它。麦饭石锅的种类有哪些？相较于传统锅具有哪些优点？如何选择一口优质的麦饭石锅？如何清洗与保养？这些问题《遇见一只锅，麦饭石锅做美食》会为您一一解答。此外，还会为您提供烹饪建议，为您的厨房增香添味。

本书介绍各类适合麦饭石锅烹饪的食谱，以不同的食材进行分类。具体包括能量丰富的荤食菜谱，新鲜营养的时令蔬食，一日三餐的主食推荐以及别具一格的风味甜点。步骤详细，操作简单，还能扫描二维码，轻松学料理，即便是厨房小白，只要敢于迈出第一步，就能烹饪出美味的料理。不论是好友聚餐，还是家人团聚，麦饭石锅都能丰富餐桌“风景”，和您共享美好“食”光。

爱可生

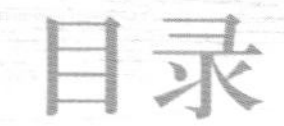

目录 Contents

Chapter 01 麦饭石锅小学堂

Chapter 02 用麦饭石锅做荤食

Chapter 03 用麦饭石锅做蔬食

Chapter 04 用麦饭石锅做主食

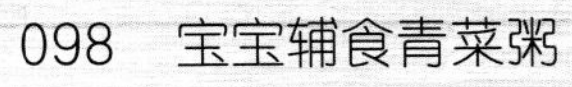

Chapter 05 用麦饭石锅做点心

Chapter 01
麦饭石锅小学堂

如果说厨房是美食的聚集地，一口好锅就是烹饪的必需品，市售的锅具如“三千流水”，麦饭石锅则是“只取一瓢”。烹饪出口感与健康兼具的菜肴，麦饭石锅是您的不二之选，制作美食料理，先从认识麦饭石锅开始吧！

现代麦饭石锅

用一只麦饭石锅，开启我们的美食之旅吧！

麦饭石锅是一种以传统的金属、陶瓷材料为主，
通过特殊工艺将细化的麦饭石材料加入其中而制成的新型锅具。
由于加入了麦饭石涂层，锅具无烟、不粘，且更容易清洗。
复合锅底，使锅具导热更均匀，储热更好。

麦饭石锅不是麦饭石做的锅

麦饭石是一种天然的硅酸盐矿物，学名叫作石英二长岩，因其形状如一团大麦饭而得名。直接用麦饭石制成锅具，不仅因笨重而无法使用，也不能完全发挥麦饭石的作用。因此，大多数生产商家都会以麦饭石原料为涂层覆在炒锅上。外层是麦饭石涂层，里层是铝合金或者铁等材质。

麦饭石锅印象

尺寸：22/24/36/28/30/32cm
材质：麦饭石、铁或可食用铝合金
工艺：重力压铸
成员：炒锅、煎锅、汤锅、奶锅
优点：不易粘锅、少油烟、导热均匀
适合料理：炒、炖、煎
适用炉灶：电磁炉、燃气灶、电陶炉

选择麦饭石锅的理由

麦饭石锅是安全的
使用更放心

网传麦饭石锅属于涂层锅，而涂层可能存在一些损害人体健康的成分，如重金属。事实上，如果选用正规品牌的麦饭石锅，其中的麦饭石涂层是符合一般涂层锅的要求的，不会对人体产生不良影响。

麦饭石锅的主要优势
烹饪更轻松

● **麦饭石锅烹饪省油**

麦饭石锅具有不粘锅的特性，即使用很少的油，也可以轻松烹调。如果煎鸡蛋，甚至可以不用油。

● **麦饭石锅不煳底**

麦饭石涂层可以使锅具达到不粘的效果，如煎鱼放很少的油，也不会煳底。

● **更容易清洁**

麦饭石锅采用压铸工艺，锅体光滑，加之不粘和省油的特点，在烹饪过程中极少吸附油渍，因而清洗起来更方便。

麦饭石锅大家族

一只麦饭石锅，蕴含了我们对生活的热爱！

一锅鲜香四溢的美食，一个充溢生活情调的空间，
麦饭石锅的妙处在于既实用，又能满足我们对格调生活的遐想。
在麦饭石家族中，除了常用的炒锅、有特色的煎锅外，
还有实用的汤锅、奶锅，更有创意十足的三合一煎锅。

麦饭石汤锅

汤锅的主要功用是炖煮汤品，麦饭石汤锅兼具砂锅和金属汤锅的优势，不仅导热快、炖煮方便，而且营养流失少。麦饭石汤锅不仅可以用于煲煮食材，还可以用于焖烧菜肴。

麦饭石炒锅

炒锅的顶部开口大，底部呈圆形，并设计有手柄，方便日常烹饪食物时进行抛炒。此外，锅盖也带有手柄，方便拿取，不会烫手。麦饭石炒锅不仅可以用作煎、炒食物，也可以作蒸、炖、炸及其他不同的烹饪用途，十分便捷。

麦饭石平底煎锅

煎锅的形态一般是平底、边缘较浅，尽管在中式厨房中的利用率不及炒锅，但不可否认它的利用价值。平底煎锅受热面积更大，热效率更高，在煎、烙食物方面的效用更明显。如果平底煎锅边缘较高，也可以炸、焖、煮食物。相较于其他材质的平底煎锅，麦饭石平底煎锅的优势主要体现在省油、不粘上。

麦饭石奶锅

在现代人不断探索美食的路上，奶锅不仅可以热牛奶、煮粥、煮米糊、熬酱汁，还可以做小分量的汤等。麦饭石奶锅内部采用麦饭石一体成型，加热快、受热均匀、容易清洗。不粘涂层设计，让奶锅更美观，使用体验更好。

麦饭石三合一煎锅

相较于平底煎锅，这种三合一煎锅的主要优势是，可以一次完成 3 种需要煎制的菜肴，加之有封格设计，食材之间不串味。在使用方面更便捷，尤其适合在早晨制作早餐。另外，煎牛排、做小食时，也可以使用，一锅搞定几种美食。

巧选、巧用麦饭石锅

选一只好锅，爱上烹饪；好好养锅，让爱更持久。

遇见麦饭石锅，便已倾心，
精挑细选，选中自己中意的那一只，收入囊中，
细心养护，只愿能用这一份温柔收获美妙和温润的味道。
以下内容详解麦饭石锅具的选购与使用技巧，使锅具不易受损。

麦饭石锅的选购窍门

锅体有涂层 选购重在健康

麦饭石锅属于涂层锅，涂层的工艺与标准直接关系着锅体的健康程度。为了安全着想，建议在选购麦饭石锅时尽量选择正规品牌生产的锅具。同时，麦饭石锅整体价格比较亲民，选择一款合格的产品，安全更有保障。

气眼与杂质 越少越好

在麦饭石锅具制作过程中，可能会存在气眼与杂质，虽然这些不太会影响麦饭石锅的使用，但还是越少越好。

类型与大小 根据个人需要选择

麦饭石锅可供选择的种类较多，在选购时可根据自己的烹饪需求灵活选择。此外，各种尺寸的麦饭石锅都有，选择多大的麦饭石锅可以从平时家里的就餐人数出发。一般来说，尺寸为 30 厘米的炒锅，适合 1 ~ 5 人使用；32 厘米的炒锅，则适合 5 人以上的大家庭使用。

麦饭石锅的开锅技巧

煮淘米水 5 分钟

新买回来的麦饭石锅，可用淘米水开锅。即用清水简单冲洗之后，擦干锅底，置于炉具上，加入满锅的淘米水，开中小火，水开后续煮 5 分钟左右关火。用淘米水煮，不仅不会对锅体造成伤害，还可以清洁锅体、去异味。更为重要的是，淘米水可以黏合麦饭石锅内的细小气眼。

用生肥猪肉涂油

待锅中水冷后，倒掉水，再将麦饭石锅置于炉具上，开中小火热锅，待锅中水分烧干后，将生肥猪肉下锅，用厨用夹按住生肥猪肉，以从内圈到外圈的方式呈螺旋状在锅内壁不停地擦拭，使溢出的油脂均匀地布满整个锅面。直至锅面浸满油脂，再关火，用厨房纸巾擦干净锅体。

重复涂油、烘干

重复“用生肥猪肉涂油”的步骤一次，然后关火，让麦饭石锅自然晾凉。静置约 12 小时后，便可以开始使用了。

使用麦饭石锅的注意事项

用中小火烹饪

为了保持食物的味道和防止锅具损坏，建议用中小火烹饪。烹饪前先把锅具预热至手掌放在离锅 3 厘米左右处能感受到热气，预热后加入少许食用油，直接放入食物翻炒即可。

避免空烧

因麦饭石锅具表面有涂层，若空烧过久，将使涂层损坏，失去不粘锅的效能。

不能用金属铲

麦饭石锅表层是麦饭石涂层，如果用金属铲，很容易破坏表层的涂层，损害锅具。建议用耐热无毒的硅胶铲或木锅铲。

不用时保持干燥

如果一段时间内不准备用麦饭石锅，在擦干锅体内外后要抹油，摆放于通风、阴凉、干燥的地方。

不可长时间烹制，不存储高盐食物

像海鲜之类的酸性食物，如果烹制时间过长，会破坏锅具表层的涂层。另外，不要在锅内长时间存储盐分过高的食物，以免腐蚀锅体。

涂层破坏后不可再使用

如果在使用麦饭石锅的过程中因操作不当，或清洁方法不对，导致涂层被破坏，建议及时更换锅具，以免影响使用或损害健康。

正确清洁麦饭石锅

普通清洁

每次使用之后，先让锅体自然冷却，再用流动的清水冲洗，或用百洁布、清洁海绵轻轻擦洗锅体即可。麦饭石锅具有不粘的特性，容易清洁，不需要使用钢丝球或金刚砂海绵擦擦洗。

去顽固污渍

锅内粘上食物后不能用尖锐的器具擦拭，应该往锅内放入适量清水，浸泡一会儿后用软布轻轻擦拭。如有烧焦，先用温水浸泡一会儿，再加少许温性洗涤剂清洗即可。

洗净后擦干水分

使用完麦饭石锅具，清洗干净后，要用干抹布将锅内外的水擦干，也可以将麦饭石锅置于沥水架上，让其自然晾干。

Chapter 02
用麦饭石锅做荤食

咬一口菜肴，肉质鲜嫩、口感爽滑、味道浓郁，成功的荤食料理总能在你饥肠辘辘的时候，给予身体莫大的满足和营养。麦饭石锅发挥其导热均匀、锁水高效、保温持久的特点，只需少量的油、盐和汤汁，就能将荤食料理烹饪熟透，快速上桌，无须等待。

肉末豆皮包

时间：30分钟 难易度：★ 份量：2人份 锅具：麦饭石奶锅

原料

肉末150克，咸肉200克，豆皮2张，鸡蛋1个，葱3根，姜1块，水发海米30克，香菜2根，红椒丁少许

调料

料酒、生抽各2毫升，盐2克，水淀粉、胡椒粉、糖各适量，芝麻油少许

制作方法

1 咸肉切薄片；海米切碎；洗净的葱一部分切葱段，剩余切末，装盘待用。

2 姜取一部分切片，剩余切成末；豆皮从中间切开，对折后再切开，装盘备用。

3 取一碗，放入肉末，加入料酒、生抽、胡椒粉，打入鸡蛋，再加入芝麻油、葱末、姜末、海米、糖。

4 放入盐、水淀粉，拌匀，调成肉馅；麦饭石奶锅中注水烧热，放入香菜，焯水后捞出。

5 取一张豆皮平铺在案板上，放入 2 勺肉馅，用豆皮裹住，卷成卷。

6 将两边折起来，用焯过水的香菜打个结，依此方法做完剩下的豆皮。

7 奶锅中注入适量热水，放入葱段、姜片和咸肉片，大火煮开后调小火。

8 放入豆皮包，炖煮 15 分钟，撒上红椒丁，略煮片刻，撒上葱末，出锅即可。

肉馅要按顺时针方向搅拌，搅拌越到位，豆皮包就越有嚼劲。此外，红椒丁易熟，不用炖很久，以免过于软烂影响口感。

扫一扫二维码
视频同步学美味

火丁豌豆

时间：10分钟 难易度：★ 份量：2人份 锅具：麦饭石奶锅、麦饭石炒锅

原料

豌豆200克，火腿50克，春笋适量

调料

盐2克，水淀粉少许，食用油适量

制作方法

1 洗净的春笋先切成片，再切成丁；火腿切条，改切成丁，装盘备用。

2 取一碗，放入适量温水，加入盐，制成调味水。

3 麦饭石奶锅中注水烧开，倒入笋丁，汆片刻后捞出，倒入装有冰块的冷水碗中。

4 倒入豌豆，汆一会儿，捞出后倒入装有冷水的碗中。

5 加热麦饭石炒锅，注油，倒入笋丁和火腿丁炒匀，再倒入豌豆、调味水，翻炒均匀。

6 倒入水淀粉勾芡，继续翻炒至食材熟透，关火出锅即可。

想要提升菜肴的品质，可以将汆烫后的豌豆剥去豌豆皮，只取豌豆仁。

凉拌粉丝

时间：12分钟 难易度：★ 份量：2人份 锅具：麦饭石平底锅、麦饭石奶锅

原料

粉丝1包，小黄瓜1条，方火腿1块，水发黑木耳适量，鸡蛋1个，大葱1段

调料

生抽、醋各1.5勺，白糖1勺，盐半勺，白芝麻2勺，麻油、食用油各适量

制作方法

1 洗净的小黄瓜切成薄片，放入小碗中，撒适量盐，腌渍待用。

2 方火腿切成条状；洗净的黑木耳切成丝；鸡蛋打入碗中，加盐打散调匀。

3 麦饭石平底锅注入适量食用油，加热，倒入蛋液，摊平，取出后切成条状待用。

4 大葱切碎，装入碗中。

5 麦饭石平底锅置于火上，淋入麻油，加热，浇入大葱碗中。

6 加入 1.5 勺生抽、1.5 勺醋、1 勺白糖、半小勺盐、2 勺白芝麻，拌成酱汁。

7 另取麦饭石奶锅，加入适量水，置于火上加热，待水沸后放入粉丝，煮2分半钟，取出以后马上过凉水，沥干待用。

8 将粉丝放入凉拌盆中，倒入做好的酱汁，拌匀，再加入鸡蛋条、火腿条、黄瓜片、木耳丝，搅拌均匀即可。

为防止粉丝粘连在一起，粉丝过凉水后，可以加入适量熟芝麻油搅拌均匀。

培根卷

时间：15分钟 难易度：★★ 份量：2人份 锅具：麦饭石奶锅

原料

猪肉馅200克，鸡蛋1个，牛奶10毫升，高筋面粉半杯，煮熟的鹌鹑蛋5个，培根4片，洋葱丁、胡萝卜丁各少许

调料

黑胡椒碎、盐、食用油各适量

制作方法

1 在料理盆中放入猪肉馅、鸡蛋、牛奶、高筋面粉、胡萝卜丁和洋葱丁，撒入黑胡椒碎和盐，搅拌均匀，制成馅料。

2 取一个长方形的耐热容器，在底部铺入 2 片培根，再填入一半馅料，放入煮熟的鹌鹑蛋。

3 继续用馅料填满容器，用剩余的培根包裹住，压实。

4 包上保鲜膜，放入微波炉中，中火加热 8 分钟，取出培根卷。

5 麦饭石奶锅置于火上，注入适量食用油，放入培根卷，用中小火煎到四周微微焦黄后盛出。

6 放凉后将煎好的培根卷切片即可。

在制作的过程中，还可以根据自己的喜好加入喜欢的食材，丰富口感。

扫一扫二维码
视频同步学美味

黑椒牛排

时间：10分钟 难易度：★ 份量：1人份 锅具：麦饭石平底锅

原料

牛排、黄油各1块，西蓝花10克，
圣女果2个，柠檬片2片

调料

盐、香叶碎、黑胡椒碎各适量

制作方法

1 西蓝花洗净，放入热水锅中烫至断生，捞出待用。

2 取牛排盘，在边上摆放上圣女果、柠檬片、西蓝花，待用。

3 将牛排正反面撒上盐、香叶碎、黑胡椒碎，涂抹均匀。

4 麦饭石平底锅置于火上，放入一半黄油，待黄油溶化，放入牛排。

5 煎约 3 分钟，翻面，放入剩下的黄油，续煎 3 分钟。

6 将煎好的牛排摆放在牛排盘中即可。

宜在平底锅烧热，并微微冒起青烟的时候放入牛排，牛排入锅后，要改小火加热，慢慢煎烤，让热能传输到肉的内部，这样煎出来的牛排更鲜嫩。

扫一扫二维码
视频同步学美味

原味经典牛排

时间：40分钟 难易度：★ 份量：1人份 锅具：麦饭石平底锅

原料

牛排1块，口蘑8个，芦笋30克

调料

胡椒粉、盐各2克，橄榄油适量

制作方法

1 口蘑切成厚片，洗净的芦笋切成两段。

2 牛排表面涂抹一层橄榄油，再撒上适量盐，腌渍30分钟。

3 将麦饭石平底锅大火烧热，刷一层底油，放入腌好的牛排，煎约2分钟。

4 翻面，续煎2分钟，并在煎好的一面牛排上撒上胡椒粉和盐，调味。

5 待另一面煎熟后，翻过来，再次撒上盐和胡椒粉，并转动牛排，继续煎约2分钟，放入铺有锡箔纸的盘子中。

6 锅留底油，倒入口蘑片和芦笋，煎熟，盛入盘中即可。

刚做好的牛排建议放置10分钟左右再吃，利用牛排内部的余温继续加热一下，口感会更好。

煎鳕鱼

时间：8分钟 难易度：★ 份量：1人份 锅具：麦饭石平底锅

原料

鳕鱼200克，蒜末少许，黄油1小块，柠檬片2片，圣女果、鸡蛋各1个

调料

海盐、淀粉各适量，蚝油、生抽各2勺

制作方法

1 鸡蛋打入碗中，搅散，制成蛋液。

2 鳕鱼洗净，用厨房纸巾吸干两面的水分，在两面撒上海盐，再刷上蛋液，沾上适量淀粉，待用。

3 麦饭石平底锅置于火上，放入部分黄油，小火煎至黄油溶化，再放入备好的鳕鱼，小火煎至鳕鱼两面金黄，盛入盘中。

4 麦饭石平底锅中放入剩下的黄油，倒入蒜末爆香，倒入2勺蚝油、2勺生抽，搅拌均匀，制成味汁，待用。

5 将柠檬片和圣女果摆放在装有鳕鱼的盘子边上，再将味汁浇在鳕鱼上即可。

将鳕鱼刷上蛋液、沾上适量淀粉，并用冷油下锅，能有效防止其在煎的过程中散块。

三汁焖锅

时间：30分钟 难易度：★★ 份量：3人份 锅具：麦饭石平底锅

原料

鸡翅500克，青、红椒各3个，土豆、洋葱、胡萝卜、蒜各1个，黄油20克，生姜1块

调料

蚝油、番茄酱、黄豆酱、生抽各2勺，白糖、鸡精、淀粉各1勺，辣椒油、胡椒粉、辣椒粉各适量，盐5克，料酒3毫升

制作方法

1 洗净去皮的土豆切厚片，再改切成长条形；洗净的胡萝卜切长条形；洗净的生姜切丝；大蒜去皮。

2 青椒、红椒分别去子切开，改切成块；洗净的洋葱切粗丝，待用。

3 鸡翅洗净，用刀在正反两面划上几刀，加入 2 克盐、3 毫升料酒、1 勺生抽，加入姜丝，腌渍半天。

4 取一碗，倒入蚝油、番茄酱、黄豆酱、白糖、鸡精、淀粉、辣椒油、胡椒粉、辣椒粉，搅拌均匀，制成酱料，待用。

5 将所有食材放入料理盆中，放适量盐，再倒入酱料，搅拌均匀。

6 取麦饭石平底锅，放入黄油，煎至黄油溶化，铺上蔬菜，再码上鸡翅，盖上锅盖，用小火焖15分钟，盛出即可。

制作本品，酱料的调配十分重要。酱料不仅要搅拌均匀，而且不能随意增减用量，以免影响成品的味道。

黑椒牛肉粒

时间：10分钟 难易度：★ 份量：2人份 锅具：麦饭石炒锅

原料

牛肉400克，洋葱1个，青椒1根

调料

料酒、生抽、蚝油各2毫升，白糖2克，黑胡椒粉3克，食用油适量

制作方法

1 牛肉切小方粒，洋葱切碎，青椒切菱形片。

2 牛肉粒装入碗中，加入料酒、生抽、蚝油、黑胡椒粉，搅拌均匀，腌 10 分钟。

3 麦饭石炒锅中注油，大火烧热，倒入牛肉粒迅速翻炒至变色，盛出备用。

4 炒锅中留底油继续加热，倒入洋葱炒香。

5 倒入青椒片翻炒，加入生抽和白糖，翻炒均匀。

6 倒入炒好的牛肉粒，再撒入剩下的黑胡椒粉，翻炒均匀，盛出即可。

牛肉尽量选择肥瘦相间的，因为口感肥而不腻，而且肉质紧，更有弹性。腌渍之后再烹饪，肉质鲜嫩、口感爽滑。

诱惑芝士猪排

时间：20分钟 难易度：★ 份量：2人份 锅具：麦饭石炒锅

原料

猪排400克，鸡蛋2个，芝士2片

调料

面包糠、淀粉各100克，胡椒粉2克，盐3克，食用油适量

制作方法

1 鸡蛋打入碗中，搅散蛋液，备用。

2 洗净的猪排从 1/3 处下刀，切开但不切断，将猪排翻面，竖切一刀，接着横向切开。

3 用保鲜膜包裹好猪排，接着用肉锤捶打约 15 分钟，至肉质松散。

4 将处理后的猪排撒上盐，抹均匀后再撒上胡椒粉。

5 将猪排均匀地裹上蛋液，再沾满淀粉。

6 把芝士铺在猪排上对折，再裹上蛋液，并沾满面包糠。

7 麦饭石炒锅中热油，然后转小火，放入猪排，煎至两面金黄，盛出即可。

在煎猪排的时候，一定要煎至两面金黄，让猪排尽可能多出油，这样煎出来的猪排口感才不会过于油腻。

扫一扫二维码
视频同步学美味

薄荷炖牛腩

时间：40分钟 难易度：★ 份量：3人份 锅具：麦饭石炒锅

原料

牛腩500克，土豆1个，薄荷、花椒、大葱各适量，干辣椒4个，八角3个，香叶2片，生姜4片，大蒜5瓣

调料

盐2克，料酒3克，生抽、老抽各适量，冰糖、食用油各少许

制作方法

1 牛腩切成方形小块；土豆切成块，放入水中浸泡。

2 大葱、生姜切成丝，装盘备用。

3 麦饭石炒锅放油烧热，放入干辣椒和花椒炒香后滤掉，保留底油，再放入八角、香叶、葱丝和姜丝，爆香。

4 放入牛腩炒至断生，加料酒、生抽、老抽和冰糖，炒匀。

5 加温水没过牛肉，加盖煮开，倒入大蒜、土豆，续煮。

6 待汤汁收到一半且土豆变软后，加入薄荷拌匀，加盐调味，略煮片刻关火，盛出即可。

在烹饪时，尽量选择带茎的薄荷，这样的薄荷味道会更浓郁。如果不习惯吃辣，可以不放辣椒。

椒盐带鱼

时间：125分钟 难易度：★ 份量：1人份 锅具：麦饭石炒锅

原料

带鱼200克，柠檬片、香菜各少许

调料

黄酒2毫升，胡椒粉、盐各2克，干淀粉、食用油各适量

制作方法

1 将带鱼处理干净，剪成小段，均匀抹上盐、胡椒粉、黄酒，腌渍 2 个小时。

2 将腌渍入味的带鱼两面均匀裹上干淀粉。

3 麦饭石炒锅中放油烧热，放入带鱼段，煎至两面金黄。

4 盛出煎好的带鱼，撒上胡椒粉，拌匀，带鱼段中间夹上柠檬片，点缀上香菜即可。

为使带鱼更鲜美，可以加入少许柠檬汁提味。煎制时，宜选择小火，以免鱼肉过老，影响味道。

扫一扫二维码
视频同步学美味

嗆汁大虾

时间：10分钟 难易度：★ 份量：2人份 锅具：麦饭石炒锅

原料

基围虾500克，葱段、姜片各30克，蒜瓣适量

调料

生抽、老抽各2毫升，黑胡椒粉、糖、盐各2克，黄油、料酒、食用油各适量，辣酱油少许

制作方法

1 洗净的基围虾去头，用刀划开背部，去除虾线，装盘备用。

2 麦饭石炒锅中注油烧热，放入基围虾，一面煎红后翻面。

3 待煎至两面金黄，捞出备用。

4 另起炒锅倒油，放入葱段、姜片和蒜瓣，爆香，滤掉葱、姜、蒜，保留底油。

5 放入煎好的虾，淋入料酒去腥，再加入生抽、盐、糖和黄油，翻炒均匀。

6 淋上老抽，加入黑胡椒粉，炒匀，淋上少许辣酱油，装盘盛出即可。

虾肉鲜嫩易熟，在烹饪的时候不要煎过长时间，以免肉质过老影响口感。

扫一扫二维码
视频同步学美味

玉米青豆虾仁

时间：15分钟 难易度：★ 份量：3人份 锅具：麦饭石汤锅

原料

青豆、玉米粒各50克，虾仁200克，切好的长豆角、胡萝卜片各适量

调料

淀粉、白胡椒粉各少许，酱油1勺，食用油适量

制作方法

1 将淀粉倒入虾仁中，搅拌均匀，再加入白胡椒粉、1 勺酱油，搅拌均匀。

2 锅中注入少许食用油，加热，倒入虾仁，炒至虾仁变色。

3 倒入青豆、玉米粒、豆角和胡萝卜片，翻炒均匀。

4 炒至食材入味，盛出即可。

为了突出虾仁的风味，青豆、玉米、胡萝卜的量可以适当减少。

BLUE MOUNTAINS CACTUS

创意蘑菇酿肉

时间：25分钟 难易度：★ 份量：1人份 锅具：麦饭石炒锅

原料

口蘑、鹌鹑蛋各10个，猪肉末50克，葱2根，蒜末适量

调料

料酒、芝麻油各2毫升，蚝油、生抽各4毫升，生粉4克，白糖、胡椒粉、盐各2克，食用油适量

制作方法

1 口蘑洗干净后去蒂，洗净的葱切成葱花。

2 鹌鹑蛋打开，分离蛋清和蛋黄，待用。

3 把猪肉末装入碗中，倒入蛋清，加入料酒、生粉、盐、芝麻油、胡椒粉和葱花，淋入部分生抽，拌匀，制成肉馅，待用。

4 将口蘑倒放，把肉馅酿入口蘑中，并将蛋黄分别倒在肉馅上，待用。

5 把蚝油、蒜末、白糖倒入碗中，淋入剩下的生抽，加入少量水，拌匀，调成汁。

6 麦饭石炒锅中热油，放入酿好的口蘑，小火煎一会儿，再倒入调好的汁，小火焖10分钟。

7 待口蘑煎熟之后，转大火收汁儿，盛入盘中即可。

蘑菇煎熟之后，可以暂时不打开锅盖，焖一会儿，让蘑菇充分入味，这样吃起来味道会更浓郁。

扫一扫二维码
视频同步学美味

秋葵酿虾滑

时间：15分钟 难易度：★ 份量：1人份 锅具：麦饭石平底锅

原料

秋葵4个，虾10只

调料

盐2克，生粉适量，食用油少许

制作方法

1 将虾清洗干净，去除虾头，剥去虾壳，挑去虾线。

2 将虾肉剁成虾泥，装碗，放入少许盐，调匀备用。

3 秋葵汆水，煮至断生后捞出，切去头尾，再从中间切开，去除内瓤。

4 把秋葵内部抹上生粉，装入虾泥。

5 麦饭石平底锅注油，放入处理好的秋葵，先煎有虾肉的一面，转动锅使秋葵受热均匀。

6 翻面，继续煎秋葵，待两面都煎熟后，起锅装盘即可。

麦饭石锅锁水和保温功能较好，烹饪后可关火闷一下，能减少营养成分的流失，而且味道更浓郁。

北非蛋

时间：20分钟 难易度：★ 份量：4人份 锅具：麦饭石炒锅

原料

洋葱50克，青椒、西红柿各2个，红椒、黄椒各半个，蒜2瓣，鸡蛋4个，香菜3根，香葱2根

调料

盐、胡椒粉各2克，食用油适量

制作方法

1. 青椒、红椒、黄椒、洋葱切丁；香菜、香葱切碎；蒜切片。
2. 西红柿顶部划十字，放入热水中浸泡，去皮切丁，备用。
3. 麦饭石炒锅注油加热，倒入洋葱炒香，放入彩椒和蒜片。
4. 翻炒至食材变软，倒入西红柿丁，加入盐、胡椒粉调味，炒至食材软烂。
5. 在麦饭石炒锅中拨出4个空隙，在空隙内打入鸡蛋。
6. 加盖，转小火焖3分钟；开盖，再煎3分钟，撒入葱和香菜碎，盛出即可。

洋葱丁要翻炒至柔软、出水、透明的程度，这样才能把其中的香味炒制出来。

扫一扫二维码
视频同步学美味

鸡米芽菜

时间：25分钟 难易度：★ 份量：5人份 锅具：麦饭石炒锅

原料

鸡腿、尖椒各3个，碎米芽菜适量，姜1块，蒜2瓣

调料

盐2克，花椒粉、糖各少许，料酒、生抽、食用油各适量

制作方法

1 鸡腿洗净剔骨，将鸡肉切粒，装盘备用。

2 尖椒切成小圈，姜切末，蒜剁成末，备用。

3 鸡肉装碗，加入姜末、蒜末、生抽、料酒、糖、花椒粉和盐，搅拌均匀。

4 麦饭石炒锅倒入适量食用油，加入鸡肉粒，翻炒至鸡肉表面发白。

5 加入尖椒、碎米芽菜，继续翻炒至食材熟透，出锅即可。

鸡肉的腌渍时间可适当延长一些，能使成品更入味。

酸汤肥牛

时间：25分钟 难易度：★ 份量：3人份 锅具：麦饭石汤锅

原料

肥牛1盒，粉丝、金针菇、泡椒各适量，青尖椒、红椒各1根，蒜末、姜片各少许

调料

桂林辣酱、豆瓣酱各适量，白醋2毫升，食用油少许

制作方法

1 青尖椒切丁，红椒切丁，待用。

2 粉丝放入碗中，加入少许温水，泡开。

3 麦饭石汤锅内注入少量食用油，放入蒜末、姜片、桂林辣酱和豆瓣酱，翻炒爆香。

4 锅中加入足够的水，煮开后放入粉丝、金针菇、泡椒。

5 放入1勺白醋，倒入肥牛片，煮至肥牛片变色。

6 撒上青尖椒丁、红椒丁，浇上热油，盛出即可。

如果想使做出来的汤有足够的酸味，可以适当加入泡椒的酸水，也可以加适量西红柿。

韩式大酱汤

时间：30分钟 难易度：★★ 份量：3人份 锅具：麦饭石汤锅

原料

牛肉250克，蛤蜊10个，豆腐200克，洋葱、土豆各1个，豆芽、西葫芦、金针菇各适量，淘米水500毫升

调料

韩国大酱3勺，韩国辣椒酱2勺，酱油、白糖各1勺，食用油适量

制作方法

1 牛肉切薄片，加酱油和1勺白糖，拌匀，腌渍一会儿；洗净去皮的土豆切块；西葫芦切片；豆腐切块；洋葱切丝。

2 取麦饭石汤锅，放入少许食用油，倒入腌好的牛肉，炒至变色。

3 放入洋葱丝，炒至变软，加入淘米水，倒入3勺韩国大酱，2勺韩国辣椒酱，大火煮开。

4 转小火，锅中放入土豆块、豆腐块、西葫芦片、豆芽、金针菇，续煮。

5 另起锅，注水烧开，倒入备好的蛤蜊，煮至蛤蜊开口，捞出。

6 将煮好的蛤蜊放入汤锅，续煮至食材熟透，盛出即可。

制作韩式大酱汤时，淘米水是不可或缺的，这里的淘米水指的是洗净的米搓洗出的白汤。

栗子花生瘦肉汤

时间：25分钟 难易度：★ 份量：2人份 锅具：麦饭石奶锅、麦饭石炒锅

原料

瘦肉200克，板栗肉65克，花生米120克，胡萝卜80克，玉米160克，香菇30克，姜片、葱段各少许

调料

盐少许

制作方法

1 将去皮洗净的胡萝卜切滚刀块；洗好的玉米斩成小块；洗净的瘦肉先切条，再切块。

2 取一碗，注入适量清水，倒入花生米，清洗干净；香菇洗净，切去根部，备用。

3 麦饭石炒锅中注水烧开，倒入瘦肉块，氽去血渍后捞出，沥干水分。

4 麦饭石奶锅加水烧热，倒入氽好的肉块，再放入胡萝卜、花生米、板栗肉以及玉米，搅匀。

5 放入香菇、姜片和葱段，搅散，加盖，煮沸后煮小火，煮至食材熟透。

6 揭盖，加入盐拌匀，略煮至汤汁入味，关火盛出煮好的汤料，装碗即可。

花生米可事先用水泡发，能缩短烹饪的时间。

玉米胡萝卜鸡肉汤

时间：70分钟 难易度：★ 份量：2人份 锅具：麦饭石炒锅、麦饭石奶锅

原料

鸡肉块350克，玉米块170克，胡萝卜120克，姜片少许

调料

盐、鸡粉各3克，料酒适量

制作方法

1 洗净的胡萝卜切开，改切成小块；鸡肉块洗净，备用。

2 麦饭石炒锅中注入水烧开，倒入鸡肉块，加入料酒，拌匀。

3 用大火煮沸，汆去血水，撇去浮沫，把汆好的鸡肉捞出，沥干水分，待用。

4 麦饭石奶锅中加水烧开，倒入鸡肉、胡萝卜、玉米，再放入姜片和料酒，拌匀。

5 盖上盖，烧开后用小火煮约1小时至食材熟透；揭盖，放入适量盐、鸡粉，拌匀调味。

6 关火后盛出煮好的鸡肉汤，装入砂锅即可。

鸡汤里淋点料酒，可使汤水更鲜甜。此外，焖煮汤料时，一定要用小火，以免汤汁熬干。

Chapter 03
用麦饭石锅做蔬食

时令蔬食不仅新鲜，而且含有多种营养素，用麦饭石锅进行烹饪，能将食材中的营养成分牢牢锁住，而且味道可口，美味十足，足以刷新你对蔬食的认识！本章精选了多款麦饭石锅蔬菜制作食谱，快来以食之名，与蔬食来场麦饭石锅之约吧！

扫一扫二维码
视频同步学美味

双色藕丁

时间：20分钟 难易度：★ 份量：1人份 锅具：麦饭石炒锅

原料

莲藕1节，紫甘蓝1/4个，红米椒3个，青椒1个，姜末少许

调料

白醋2毫升，生抽1毫升，盐2克，白糖、蘑菇精各少许，食用油适量

制作方法

1 莲藕去皮洗净，切丁，备用；紫甘蓝切碎，装盘备用。

2 青椒去头尾，去子，切成菱形块；红米椒去头切段，备用。

3 将紫甘蓝碎放入搅拌机，加水搅打成汁，滤在碗中，加入白醋，倒入一半藕丁，拌匀腌渍。

4 麦饭石炒锅中注水烧开，放入剩余藕丁，汆至断生捞出，放入凉水中浸泡。

5 锅中注油，倒入红米椒、青椒、姜末炒香，转中火倒入藕丁。

6 加白醋、生抽、盐、白糖、蘑菇精，炒匀盛出即可。

焯莲藕时，时间不宜过长，以免莲藕失去爽脆的口感；给藕丁上色的时候，只需染到自己喜欢的程度就可以了。

扫一扫二维码
视频同步学美味

香煎秋葵

时间：15分钟 难易度：★ 份量：1人份 锅具：麦饭石奶锅、麦饭石平底锅

原料

秋葵300克

调料

盐1克，椒盐、食用油各适量，黑胡椒粉、辣椒面各少许

制作方法

1 秋葵洗净表面灰尘，放入清水里浸泡 10 分钟。

2 麦饭石奶锅中注水烧开，放入盐和秋葵，焯 30 秒，捞出，放入凉水中。

3 待秋葵凉透后捞出，用厨房用纸擦干表面水分。

4 麦饭石平底锅中放少量油，再放入擦干水分的秋葵。

5 略煎一会儿，调小火，将秋葵翻面，撒入盐、椒盐和黑胡椒粉。

6 翻面再煎一会儿，撒上辣椒面，煎香盛出即可。

Cook Tip

焯烫秋葵时要用勺子不停翻动，使其受热均匀；捞出后要立即浸入凉水中，以保持其脆爽的口感。

素烧茄子

时间：10分钟 难易度：★ 份量：1人份 锅具：麦饭石炒锅

原料

茄子200克，豆角50克，土豆 100克，蒜末、葱末、姜末各少许，干辣椒、红米椒各适量

调料

盐4克，白糖2克，生抽2毫升，食用油适量

制作方法

1 豆角洗净切段；土豆去皮，切滚刀块；茄子切滚刀块；红米椒切圈。

2 茄子装入大碗中，加少许盐，抓匀，腌渍至溢出水分。

3 麦饭石炒锅中注水烧热，放入切好的豆角，煮至断生后捞出。

4 炒锅中热油，倒入葱末、姜末、蒜末、干辣椒，爆香。

5 倒入土豆，炒至表面金黄，倒入豆角，翻炒片刻，倒入腌好的茄子，炒至变软。

6 倒入生抽，炒匀，加盐和白糖调味，撒上红米椒圈，拌匀盛出即可。

尽量不要选用秋后的老茄子，因为这种茄子往往含有较多的茄碱，不利于身体健康。

扫一扫二维码
视频同步学美味

韩式煎茄子

时间：20分钟 难易度：★ 份量：2人份 锅具：麦饭石平底锅

原料

茄子、青椒各1个，红彩椒半个，鸡蛋2个，大蒜1头，面粉20克，芝麻10克

调料

生抽、醋各2克，食用油、白糖各适量，辣椒油、辣椒面、芝麻油各少许

制作方法

1 红彩椒、青椒切成丝；洗净的茄子斜刀切片；大蒜剁成蒜末，装入碗中。

2 取一碗，打入鸡蛋，搅散蛋液，备用。

3 将茄子片两面都沾上面粉，然后再均匀地裹上蛋液。

4 麦饭石平底锅中注油，转动锅使油均匀摊开，放进茄子片，再铺上红彩椒丝、青椒丝。

5 煎至片刻后翻面，小火煎至两面金黄，装盘盛出。

6 将蒜末、生抽、醋、白糖、辣椒油、辣椒面、芝麻油和芝麻倒入碗中，调成酱汁，蘸食即可。

在给茄子沾面粉、裹蛋液的时候，要一片一片地进行，使挂糊更均匀。煎茄子的油不宜过多，以免过于油腻。

扫一扫二维码
视频同步学美味

黄金花菜

时间：15分钟　难易度：★　份量：2人份　锅具：麦饭石炒锅

原料

花菜200克，咸蛋黄3个，葱花适量

调料

盐少许，食用油适量

制作方法

1 花菜掰成小朵，放入碗中，倒入麦饭石炒锅中焯水，捞出备用。

2 咸蛋黄用刀背压成末，装碗待用。

3 麦饭石炒锅中注油，倒入蛋黄末，小火炒至蛋黄起泡。

4 将花菜倒入锅中，翻炒至蛋黄均匀地包裹花菜。

5 加入少许盐调味，撒上葱花炒匀，关火出锅即可。

要将蛋黄小火炒至发泡后再倒入花菜，这样炒出的蛋黄才会有沙沙的口感。另外，咸蛋黄本就有咸味，盐可以少放一点。

彩鲜杏鲍菇

时间：5分钟 难易度：★ 份量：1人份 锅具：麦饭石炒锅

原料

杏鲍菇、青椒、红椒各1个，蒜末、花椒各少许

调料

海鲜酱4毫升，盐2克，食用油适量

制作方法

1 杏鲍菇、青椒、红椒全部切丁，备用。

2 麦饭石炒锅烧热，倒入少许食用油，至油温七成热时，倒入花椒爆香。

3 倒入蒜末，小火翻炒至香味散出，倒入切好的杏鲍菇丁，翻炒均匀。

4 倒入海鲜酱，翻炒均匀，至杏鲍菇变软后，倒入青椒丁和红椒丁，翻炒片刻。

5 加盐调味，翻炒均匀，盛出即可。

彩椒不宜炒制过久，否则会变色，影响成品的外观。

鲜香菇炒芦笋

时间：15分钟 难易度：★ 份量：1人份 锅具：麦饭石炒锅

原料

芦笋250克，鲜香菇4朵，红彩椒、黄彩椒各1/4个，干辣椒、姜、蒜瓣各少许

调料

生抽1毫升，盐3克，食用油适量

制作方法

1 将芦笋洗净去皮，切段，装盘；香菇去蒂，切片，备用。

2 黄彩椒、红彩椒切菱形块；干辣椒切段；蒜切片；姜切丝。

3 麦饭石炒锅中注水烧开，加入几滴食用油和少许盐。

4 倒入芦笋，煮约半分钟捞出，过凉水，沥干装盘备用。

5 炒锅倒油烧热，爆香干辣椒、姜丝、蒜片，倒入香菇片，翻炒至变软。

6 倒入芦笋和彩椒，翻炒均匀后淋上生抽，加盐调味，翻炒至食材熟透，盛出即可。

焯芦笋的时间不可太长，一般 30 秒即可，以免影响其鲜嫩的口感。

八珍豆腐

时间：15分钟 难易度：★ 份量：1人份 锅具：麦饭石炒锅

原料

豆腐250克，竹笋100克，口蘑、鲜香菇各4个，水发黑木耳5朵，花生10克，青豆20克，胡萝卜25克，姜末少许

调料

生抽2毫升，冰糖4克，白胡椒粉、盐各2克，食用油适量

制作方法

1 豆腐切块；竹笋、胡萝卜、香菇、口蘑切片；木耳洗净。

2 麦饭石炒锅注水烧开，将竹笋煮1分钟捞出，过凉水后沥干；倒入青豆，煮至断生后捞出。

3 炒锅倒油烧热，将豆腐煎至金黄，捞出；锅底留油，爆香姜末，倒入胡萝卜片、花生，炒匀。

4 倒入香菇、口蘑、木耳、豆腐、竹笋和青豆，加水、盐、生抽、冰糖、白胡椒粉，炒匀盛出即可。

Cook Tip

煎豆腐的时候火不宜太大，中火为佳，以免煎煳。

三菇焖豆腐

时间：20分钟 难易度：★ 份量：1人份 锅具：麦饭石炒锅

原料

香菇、金针菇、平菇各50克，豆腐200克

调料

生抽、蚝油各2毫升，白糖2克，盐、食用油各适量

制作方法

1 豆腐切块，香菇切片，平菇撕小块，金针菇拆散，备用。

2 麦饭石炒锅中倒油烧热，放入豆腐，煎至两面金黄，盛出备用。

3 锅底留油，倒入香菇、平菇、金针菇，翻炒至食材变软。

4 放入煎好的豆腐，倒入生抽、蚝油、白糖、盐，翻炒均匀。

5 倒入热水至没过食材，大火煮沸后转小火，加盖焖 10 分钟。

6 关火后盛出焖好的食材即可。

Cook Tip

翻炒豆腐时力道不宜过大，以免破碎。另外，煎豆腐时豆腐之间建议留出一定的间隙，以免煎的过程中粘连到一起。

扫一扫二维码
视频同步学美味

榄菜四季豆

时间：15分钟　难易度：★　份量：1人份　锅具：麦饭石炒锅

原料

四季豆200克，橄榄菜60克，蒜末、干辣椒段各少许

调料

食用油适量，生抽3毫升，盐2克，白糖少许

制作方法

1. 四季豆洗净，去掉头尾；沸水中加入盐，放入四季豆，焯至断生，捞出装盘备用。
2. 四季豆对半切成两段。
3. 麦饭石炒锅中注油烧热，倒入四季豆，煎至表面起皱，捞出备用。
4. 锅底放少量油，放入蒜末和干辣椒段，煸香，放入四季豆拌匀。
5. 放入橄榄菜、生抽、盐和白糖，继续翻炒至食材熟透，关火盛出即可。

四季豆一定要煮至熟透才能食用，因为不熟的四季豆中含有皂苷和胰蛋白酶抑制剂，容易发生食物中毒。

干煸土豆条

时间：20分钟　难易度：★　份量：1人份　锅具：麦饭石平底锅、麦饭石炒锅

原料

土豆2个，小葱2根，干辣椒4个，蒜4瓣，姜2片

调料

盐3克，花椒粉、辣椒粉、孜然粉各6克，食用油适量

制作方法

1　土豆洗净去皮，切成条，装入盛有清水的碗中，反复冲洗。

2　加盐，使盐和土豆条混合均匀静置；干辣椒切小段；蒜切片；小葱切成末；备用。

3　用刷子在麦饭石平底锅中抹上食用油，平铺入土豆条。

4　一面煎至微黄后翻面，待土豆条表面微焦变硬，盛入盘中备用。

5　麦饭石炒锅中注油烧热，倒入干辣椒、葱、姜、蒜，煸香。

6　倒入土豆条煸炒一会儿，加入花椒粉、辣椒粉、孜然粉，拌匀盛出即可。

土豆条在煎之前，要先控干水分，以免入锅时热油外溅，造成烫伤；这道菜出锅前可以加入少许白芝麻提香。

孜然小土豆

时间：25分钟　难易度：★　份量：1人份　锅具：麦饭石平底锅、麦饭石奶锅

原料

小土豆300克，新鲜迷迭香适量

调料

盐2克，孜然粉、鸡精、食用油各适量

制作方法

1 用毛刷将小土豆外皮上的杂质刷去。

2 麦饭石奶锅注水煮沸，加少许盐，放入小土豆，煮至能用筷子轻易戳入，捞出装盘待用。

3 麦饭石平底锅中倒油烧热，放入小土豆，用小火煎至表皮稍稍焦黄。

4 用一个平底铲将小土豆压扁、压破，撒上盐、鸡精、孜然粉和迷迭香。

5 将煎好的小土豆盛出装盘即可。

Cook Tip

喜欢吃辣的可以加入辣椒粉调味；迷迭香也可换成香葱碎或者其他调味料。

扫一扫二维码
视频同步学美味

香芒山药

时间：15分钟 难易度：★ 份量：1人份 锅具：麦饭石炒锅

原料

山药150克，白果100克，芒果1个，荷兰豆6片，松仁适量

调料

盐2克，橄榄油适量

制作方法

1 洗净的山药去皮，切小段，再切成菱形片，装入盛有清水的碗中。

2 芒果切去顶端，从中间对半切开，取一半果肉先竖切再横切，切成小块，装入碗中。

3 荷兰豆去头尾、去丝，再切成细丝。

4 麦饭石炒锅中倒入橄榄油，倒入山药，翻炒均匀。

5 倒入白果、松仁、荷兰豆，拌匀，加盐调味。

6 起锅前放入芒果拌匀，出锅即可。

如不喜欢白果的苦味，可先焯一会儿，让苦味变淡；山药切好后可放入淡盐水中浸泡，以免氧化变黑。

扫一扫二维码
视频同步学美味

丝瓜炒毛豆

时间：10分钟　难易度：★　份量：1人份　锅具：麦饭石炒锅

原料

丝瓜1根，毛豆200克

调料

盐1克，白糖3克，芝麻油、食用油各适量

制作方法

1 丝瓜去皮，切滚刀块。

2 麦饭石炒锅中倒油烧热，放入毛豆，翻炒至表皮起皱。

3 加入丝瓜，翻炒均匀，加盐调味。

4 加入适量清水、白糖，拌匀，继续翻炒。

5 倒入芝麻油提香，待食材熟透，关火盛出即可。

准备食材时，应选择颗粒饱满的毛豆；收汁时宜用大火，以免煮时间太长影响口感。

扫一扫二维码
视频同步学美味

橄榄油煎杂蔬

时间：20分钟　难易度：★　份量：1人份　锅具：麦饭石平底锅

原料

口蘑、平菇、香菇、杏鲍菇各100克，西葫芦半个，芦笋50克

调料

橄榄油、研磨黑胡椒、盐各适量

制作方法

1 杏鲍菇洗净，再切成片；洗净的香菇去蒂切片；口蘑切片。

2 平菇撕小朵，洗净的西葫芦切片，芦笋去老根，备用。

3 麦饭石平底锅预热，倒入适量橄榄油，放入切好的口蘑、平菇、香菇、杏鲍菇，用中火煎至蘑菇出水。

4 待蘑菇收缩后，撒入研磨黑胡椒和盐，拌匀，盛入盘中。

5 另起锅倒入橄榄油，放入西葫芦和芦笋，煎至变软、微焦，撒上盐和研磨黑胡椒，拌匀调味。

6 关火，盛出煎好的食材即可。

蘑菇比较吸油，煎蘑菇时可适当多放些橄榄油，到煎蔬菜时可不再放油；食用时可根据个人喜好搭配酱汁。

土豆茄子白菜煲

时间：20分钟 难易度：★ 份量：1人份 锅具：麦饭石炒锅

原料

土豆100克，茄子、白菜各200克，蒜末、葱末、姜末各少许

调料

五香粉、花椒粉各2克，盐4克，陈醋2毫升，食用油适量

制作方法

1 白菜洗干净，切小块备用；土豆去皮，洗净后切小滚刀块。

2 茄子切滚刀块，用盐腌渍一会儿，至茄子出水。

3 麦饭石炒锅中注油，烧至七八成热，倒入葱末、姜末、蒜末，爆香。

4 倒入土豆，翻炒至表面金黄后盛出，再倒入茄子翻炒一下。

5 倒入土豆继续翻炒，加适量清水没过食材，炖 5 分钟。

6 倒入白菜翻炒，盖上锅盖小火焖煮 10 分钟，中间翻拌一下，放入花椒粉、五香粉与盐，拌匀调味。

7 煮至食材熟软，滴入陈醋，拌匀盛出即可。

茄子用盐腌渍可以减少所含的水分，减少煸炒时所需的油分；土豆去皮后，如不马上入锅翻炒，可用清水浸泡，以免氧化变黑。

金针菇蔬菜汤

时间：15分钟 难易度：★ 份量：2人份 锅具：麦饭石奶锅

原料

金针菇30克，香菇10克，上海青20克，胡萝卜50克，鸡汤300毫升

调料

盐2克，鸡粉3克，胡椒粉适量

制作方法

1 洗净的上海青切成小瓣；胡萝卜去皮、切片。

2 洗净的金针菇切去根部，备用。

3 麦饭石奶锅中注入适量清水，倒入鸡汤，加盖，用大火煮沸。

4 揭盖，倒入上海青、金针菇、香菇、胡萝卜，加入盐、鸡粉、胡椒粉，拌匀。

5 关火后盛出煮好的汤料，装入碗中即可。

上海青不宜煮太久，以免煮老了影响口感；如果没有上海青，也可用其他绿叶蔬菜代替。

扫一扫二维码
视频同步学美味

鲜蔬浓汤

时间：20分钟 难易度：★ 份量：1人份 锅具：麦饭石炒锅

原料

娃娃菜100克，丝瓜1根，油豆腐50克，香菇4朵，水发木耳适量

调料

盐2克，食用油适量

制作方法

1 丝瓜去皮，切滚刀块；娃娃菜切长条。

2 香菇去蒂，表面切十字花；木耳撕小朵，装碗备用。

3 麦饭石炒锅中倒油烧热，放入香菇，翻炒至散发香味，放入娃娃菜，翻炒均匀。

4 放入丝瓜和木耳，倒入清水，至没过所有食材，中火续煮。

5 放入油豆腐拌匀，煮至食材熟透，加盐调味，搅拌一下，关火盛出即可。

蔬菜搭配可以根据自己的喜好更换，但不要少了菌菇，因为这样味道会比较鲜美。

奶油南瓜汤

时间：35分钟　难易度：★　份量：1人份　锅具：麦饭石奶锅、蒸锅

原料

南瓜150克，淡奶油60克，牛奶100毫升

制作方法

1 洗净的南瓜去皮、去瓤、切成块，装入蒸盘中，待用。

2 蒸锅注水烧开，放入蒸盘，大火蒸25分钟至南瓜变软，取出。

3 将蒸好的南瓜用榨汁机打成泥，然后将南瓜泥倒入麦饭石奶锅内。

4 倒入淡奶油及牛奶，搅拌均匀，小火加热。

5 加热过程中不断搅拌，煮至沸腾后盛出。

6 在南瓜汤里滴上一圈淡奶油，接着用牙签或筷子拉花即可。

如果没有淡奶油，可适当多加些牛奶，还可以加入少许蜂蜜一起搅拌，口感也很不错。

豆皮蔬菜卷

时间：20分钟 难易度：★ 份量：2人份 锅具：麦饭石平底锅

原料

香菜30克，豆皮170克，生菜160克，小葱适量

调料

盐2克，生抽5毫升，孜然粉5克，辣椒粉、食用油各适量

制作方法

1 豆皮切成正方形；生菜切丝；香菜、小葱切成段。

2 取一碗，倒入辣椒粉、孜然粉、盐、生抽、食用油，制成调味酱。

3 豆皮刷上一层调味酱，放上小葱段、香菜丝、生菜丝，卷成卷，依次串在竹签上。

4 将豆皮两面分别刷上调味酱，放在刷有底油的麦饭石平底锅中。

5 用小火煎至表面焦黄，翻面，将两面煎熟，盛入盘中即可。

蔬菜卷的种类可以随个人喜好选择，如果不喜欢辣味，可以不放辣椒粉。

Chapter 04
用麦饭石锅做主食

主食是一日三餐必不可少的“重头戏”，粥品、炖饭、果羹、面条，花样料理满足味蕾需求，一口好锅就能轻松搞定。既能融合中西式菜肴特点，还能保留口感与味道。原来麦饭石锅要比想象之中更强大，吃得满足，做得容易。快来试试吧！

宝宝辅食青菜粥

时间：25分钟　难易度：★　份量：1人份　锅具：麦饭石奶锅

扫一扫二维码
视频同步学美味

原料

水发大米25克，肉末20克，上海青2颗

制作方法

1 将备好的肉末用刀剁细，洗净的上海青剁碎，待用。

2 麦饭石奶锅置于火上，倒入洗净的大米，注入适量清水，盖上盖。

3 小火煮开，揭盖，倒入肉末，搅拌均匀。

4 倒入切好的上海青碎，搅拌均匀，续煮 5 分钟，盛出即可。

Cook Tip

上海青可以先用沸水焯一下，再放入粥中，不仅能保持其碧绿的色泽，而且会使煮好的蔬菜粥不涩口。

牛奶燕麦粥

时间：10分钟 难易度：★ 份量：1人份 锅具：麦饭石奶锅

原料

牛奶500毫升，燕麦60克，鸡蛋1个

制作方法

1 将麦饭石奶锅置于火上，倒入牛奶。

2 倒入燕麦，小火煮开。

3 将鸡蛋打入碗中，搅散，再倒入锅中，搅拌均匀，至蛋花成形。

4 关火，盖上锅盖闷 1 分钟，盛出即可。

Cook Tip

煮牛奶的时间不宜过长，以免牛奶中的营养物质被破坏，造成营养流失。

扫一扫二维码
视频同步学美味

白露黄金粥

时间：25分钟 难易度：★ 份量：1人份 锅具：麦饭石奶锅

原料

小米、大米各10克，玉米20克，南瓜50克，红枣、枸杞子各适量

制作方法

1 南瓜去皮切丁；玉米洗净剥粒；红枣、小米、大米洗净，备用。

2 用一根干净的吸管从红枣顶部插入后用力推出，去除红枣核。

3 麦饭石奶锅加水烧开，放入小米和大米，煮沸后倒入南瓜丁和玉米粒。

4 煮开后放入处理好的红枣，大火煮至南瓜熟透，转小火续煮至粥黏稠。

5 取出煮熟的南瓜，放入搅拌机中，加入适量凉开水，打成南瓜糊。

6 将南瓜糊倒入粥中，放入少许枸杞子，小火煮至粥软烂，盛出即可。

可将小米、大米提前用水浸泡一会儿，能有效缩短煮粥的时间，而且煮出来的粥更黏稠、软烂。

K&I

西葫芦芝士炖饭

时间：30分钟 难易度：★ 份量：1人份 锅具：麦饭石炒锅

原料

水发大米100克，西葫芦1个，口蘑、红椒各6个，芝士1片

调料

白胡椒粉、盐各2克，食用油适量

制作方法

1 将泡发的大米用清水洗净；洗净的口蘑、西葫芦去蒂，切丁；红椒去筋切丁，待用。

2 麦饭石炒锅中注入适量食用油烧热，倒入口蘑丁，翻炒出香味。

3 倒入泡好的大米，翻炒均匀，加入热水没过食材，加盖煮开后转小火焖15分钟。

4 揭盖，倒入西葫芦丁、红椒丁，翻炒均匀，再注入适量热水，小火焖10分钟。

5 撒入盐和白胡椒粉，翻炒调味，放上芝士片，小火加热3分钟。

6 将融化的芝士拌匀，和饭一起翻炒一会儿，盛出即可。

炖饭时要注意大米和水的配比，根据米量适当调整水量，才能煮出颗粒饱满的炖饭。

培根菠萝饭

时间：30分钟 难易度：★ 份量：2人份 锅具：麦饭石平底锅

原料

米饭200克，培根3片，玉米、青豆各50克，青椒、红椒、鸡蛋、菠萝各1个，白洋葱碎适量

调料

盐、黑胡椒粉各少许，酱油1勺，食用油适量

制作方法

1 分别将红椒、青椒切条，再切成块，盛出备用。

2 菠萝从侧面1/3处切开，把菠萝肉划成小块，挖出菠萝肉，制成菠萝盅。

3 将菠萝肉装碗，加盐，浸泡20分钟；培根切丁，备用。

4 麦饭石平底锅注油烧热，倒入蛋液，将鸡蛋炒碎，盛出。

5 锅中注油烧热，倒入白洋葱碎、米饭和所有食材。

6 加入适量盐、酱油、黑胡椒粉调味，装进菠萝盅即可。

Cook Tip

可事先将菠萝肉用盐水或苏打水浸泡20分钟，能降低人体食用后产生过敏反应的概率。

扫一扫二维码
视频同步学美味

西班牙海鲜饭

时间：30分钟 难易度：★★ 份量：2人份 锅具：麦饭石平底锅

原料

鱿鱼、章鱼各1只，水发大米200克，基围虾9只，青口贝、蛤蜊各6只，番茄罐头、高汤、柠檬片、洋葱末各适量，蒜末少许，番红花2克

调料

盐、胡椒粉各少许，食用油、白酒各适量

制作方法

1 鱿鱼切圈，章鱼切丁，备用。

2 麦饭石平底锅中注油，将基围虾煎至变色，放入鱿鱼和章鱼，煎熟后盛出，备用。

3 另起锅，放入蛤蜊和青口贝，倒入白酒，炒熟盛出。

4 锅中注油烧热，倒入洋葱末和蒜末爆香，倒入大米。

5 加入番茄罐头、盐、胡椒粉、番红花和高汤，加盖焖熟。

6 揭开盖，将海鲜均匀地铺在米饭上，继续焖 5 分钟，放上柠檬装饰即可。

Cook Tip

市场上买回来的蛤蜊可用盐水浸泡，能使其尽快将砂砾吐出，方便烹饪。

排骨焖饭

时间：30分钟 难易度：★ 份量：2人份 锅具：麦饭石炒锅

原料

排骨 400克，香菇3个，胡萝卜1根，水发大米200克

调料

冰糖10克，盐、生抽、蚝油各2克，老抽1克，食用油、料酒各适量

制作方法

1 将大米装入碗中，加入适量清水，用手清洗，倒掉淘米水，留米备用。

2 麦饭石炒锅中注入适量清水，放入排骨，焯去血水，捞出沥干，装碗备用。

3 香菇去掉根部，切厚片再改切成丁；取适量胡萝卜，切厚片，再切成丁。

4 麦饭石炒锅中注油，放入冰糖炒出糖色，倒入排骨，翻炒至表面焦黄。

5 倒入料酒、生抽、老抽，注入适量热水，拌匀，加盖，用小火煮 20 分钟。

6 揭盖，倒入胡萝卜丁、香菇丁，翻炒片刻，再倒入蚝油、盐调味。

7 倒入大米和热水，至水没过食材，大火煮开后调小火。

8 加盖焖煮，待汤汁收干，略微搅拌，盛出即可。

焯排骨时，一定要用冷水，以免肉质过紧，影响口感。

扫一扫二维码
视频同步学美味

咖喱鸡肉饭

时间：30分钟 难易度：★ 份量：2人份 锅具：麦饭石炒锅

原料

土豆块、胡萝卜块、洋葱丝各60克，牛奶40毫升，鸡肉100克，米饭适量

调料

花生酱2克，淀粉、料酒各少许，咖喱酱、食用油各适量

制作方法

1 将鸡肉切块，装碗，加入料酒、淀粉，腌渍入味。

2 麦饭石炒锅注油，倒入土豆块、胡萝卜块，翻炒一下，装盘备用。

3 锅底留油，放入部分洋葱丝，炒出甜味，倒入鸡肉，炒至变色，放入土豆块、胡萝卜块。

4 倒入清水、咖喱酱，拌匀，大火煮开，分两次倒入牛奶，放入花生酱。

5 待食材熟透，加入剩下的洋葱丝，稍微搅拌片刻。

6 关火，将米饭倒扣在盘子上，盛出咖喱鸡即可。

鸡肉容易变质，购买回来的鲜鸡肉应立即放进冰箱冷冻保存。若一时吃不完，最好将剩下的鸡肉煮熟后保存。

扫一扫二维码
视频同步学美味

蛋包饭

时间：20分钟 难易度：★ 份量：3人份 锅具：麦饭石炒锅

原料

黄油30克，米饭300克，火腿片100克，洋葱50克，鸡蛋3个

调料

生抽、胡椒粉各2克，番茄酱、食用油各适量，盐少许

制作方法

1 火腿切成粒，洗净的洋葱切碎，装盘备用。

2 麦饭石炒锅中倒入黄油，加热至溶化，倒入洋葱，炒出甜味。

3 倒入火腿粒，翻炒至变色，倒入番茄酱、米饭。

4 倒入盐、胡椒粉、生抽，炒匀盛出，待用。

5 将鸡蛋打入碗中，加盐搅匀，热锅注油，倒入蛋液，待蛋液凝固，倒入炒饭。

6 将一侧蛋皮翻起，盖住炒饭，盛入盘中，淋上番茄酱即可。

切洋葱前，先把刀放在冷水里浸泡一会儿，再切洋葱时就不会刺激眼睛了。

鲜虾翡翠炒饭

时间：15分钟 难易度：★ 份量：1人份 锅具：麦饭石炒锅

原料

虾仁35克，鸡蛋1个，菠菜45克，软饭100克

调料

盐、鸡粉、水淀粉各2克，食用油2毫升

制作方法

1 将鸡蛋打入碗中，打散，调匀；虾仁由背部切开，去除虾线，切成丁。

2 将虾仁装入碗中，放入少许盐、鸡粉、水淀粉和食用油抓匀，腌渍一会儿。

3 麦饭石炒锅中注水烧开，放入洗净的菠菜，煮半分钟，捞出后切成段，装盘备用。

4 取榨汁机，选搅拌刀座组合，把菠菜、蛋液倒入榨汁机，榨成菠菜蛋汁。

5 将菠菜蛋汁倒入碗中，放入少许盐、鸡粉，拌匀。

6 取一个干净的大碗，倒入软饭和菠菜蛋汁，拌匀。

7 用油起锅，倒入虾肉，翻炒至虾肉转色，再倒入处理好的软饭，翻炒均匀。

8 将麦饭石炒锅中的炒饭盛出，装入碗中即可。

炒虾仁的时候，可以淋入少许柠檬汁，能使炒出来的虾仁味道更鲜嫩，口感更好。

猪肉馅饼

时间：65分钟　难易度：★★　份量：2～3人份　锅具：麦饭石平底锅

原料

面粉250克，猪肉末200克，洋葱丁适量

调料

盐2克，生抽3毫升，鸡精、胡椒粉各3克，食用油适量

制作方法

1. 将面粉倒入盆中，加入 1 勺盐和适量清水，揉成面团。
2. 猪肉末倒入碗中，加入盐、生抽、鸡精、胡椒粉和清水，搅拌均匀。
3. 倒入洋葱丁，搅拌均匀，制成肉馅，待用。
4. 将面团分成 5 份，再用擀面杖擀成圆形面片。
5. 放上肉馅，包成包子状，将收口处捏紧，依次做完剩下的面团，制成猪肉饼生坯。
6. 麦饭石平底锅注油烧热，将猪肉饼煎至两面焦黄，盛出即可。

煎馅饼时宜用小火慢煎，使两面受热均匀。

牛肉饼

时间：25分钟 难易度：★★ 份量：2～3人份 锅具：麦饭石平底锅

原料

面粉250克，牛肉末200克，香葱末、葱花各少许

调料

花椒粉、胡椒粉、盐、食用油各适量

制作方法

1 牛肉末加入碗中，撒上少许盐，搅拌均匀。

2 面粉中加入温水，搅拌均匀，揉成光滑的面团，盖上保鲜膜，醒半小时。

3 将面团分成 5 个大小均匀的小面团，取 1 个小面团，擀成长片状，再用手沾一些食用油，涂在面皮上。

4 撒上一层花椒粉和胡椒粉，再放上 1/5 的牛肉末，撒上香葱末，将面皮卷起，然后压扁，整成圆形。

5 用同样的方法做完剩下的面团，制成牛肉饼生坯。

6 取麦饭石平底锅，注入适量食用油，放入牛肉饼生坯，小火煎至面饼两面金黄，盛出装盘，撒上葱花即可。

新买回来的牛肉可先用清水浸泡 2 小时，不仅能去除牛肉中的血水，还能去除腥味。

披萨蛋饼

时间：10分钟 难易度：★ 份量：2人份 锅具：麦饭石炒锅

原料

彩椒2个，洋葱1个，培根、面粉、芝士各100克，鸡蛋3个

调料

盐2克，食用油适量

制作方法

1 洗净去子的彩椒对半切开，改切成丝；备好的培根、洋葱切成条。

2 鸡蛋打入碗中，搅散，加盐，拌匀。

3 将面粉倒入蛋液中，搅拌均匀。

4 麦饭石炒锅中注油，转小火，倒入蛋液，使蛋液均匀地铺满锅底。

5 在蛋饼上铺上洋葱、彩椒、培根和芝士，盖上锅盖。

6 转小火焖3分钟，装盘盛出即可。

食用时可以将其分成几个小块，根据自己的口感，在蛋饼上抹上适量番茄酱或沙拉酱。

扫一扫二维码
视频同步学美味

双子豆沙南瓜饼

时间：30分钟 难易度：★ 份量：2人份 锅具：麦饭石平底锅、麦饭石炒锅

原料

南瓜、大米粉各50克，糯米粉100克，红豆沙适量，熟白芝麻少许

调料

白糖、食用油各适量

制作方法

1 南瓜去皮切薄片，放入蒸盘中，麦饭石炒锅中加水，放入蒸盘蒸熟。

2 取出蒸熟后的南瓜，趁热加入白糖拌匀，用勺子压成南瓜泥，倒入大碗中。

3 加入适量大米粉和糯米粉拌匀，将南瓜糊揉成面团，备好的红豆沙揉成小丸子，备用。

4 案板上撒少许糯米粉，把南瓜面团揉成长条，再切成小块。

5 将小块面团揉圆后按扁，包入红豆沙丸子。

6 收口后继续揉圆，再按扁，裹上一层熟的白芝麻。

7 麦饭石平底锅稍微预热，刷上食用油，放入南瓜饼，煎至表面金黄。

8 翻面继续煎制，微晃麦饭石锅，以免粘住锅底，待两面完全熟透盛出即可。

南瓜饼放入平底锅后，中间要稍微隔开一些距离，以免受热膨胀后相互粘连，影响成品美观。

家常肉丝炒面

时间：15分钟 难易度：★ 份量：2人份 锅具：麦饭石炒锅

原料

面条100克，猪瘦肉50克，上海青2颗，鸡蛋2个

调料

生抽、老抽各4毫升，盐4克，食用油适量

制作方法

1 麦饭石炒锅中注水烧开，放入备好的面条，煮熟后捞出，过下凉水，沥干备用。

2 洗净的上海青去根部，待用；鸡蛋打入碗中，加盐拌匀。

3 麦饭石炒锅倒油加热，倒入鸡蛋，炒好后盛出备用。

4 炒锅中加入猪瘦肉，炒至转色，加入备好的上海青，翻炒几下。

5 倒入面条翻炒，淋入生抽、老抽，翻动至面条均匀裹色。

6 加入鸡蛋和盐，翻炒调味，关火后盛出炒好的面条即可。

麦饭石炒锅受热均匀，只要倒入薄薄的一层食用油即可炒面，不要倒太多，以免成品过于油腻，影响味道。

肉酱空心意面

时间：10分钟 难易度：★ 份量：1人份 锅具：麦饭石炒锅

原料

肉末70克，洋葱65克，熟意大利空心面170克

调料

意大利披萨酱40克，盐、鸡粉各2克，食用油适量

制作方法

1 处理好的洋葱切片，再切成丁。

2 麦饭石炒锅注油烧热，倒入肉末，翻炒至变色。

3 倒入备好的洋葱、意大利披萨酱、熟空心面，翻炒匀。

4 加入盐、鸡粉，快速翻炒至入味。

5 关火后将炒好的面盛出，装入盘中即可。

煮熟的意大利空心面可以过一遍冷水，能避免面粘连在一起，还能让面更有嚼劲。

鸡胸肉蘑菇奶酪意面

时间：25分钟 难易度：★ 份量：1人份 锅具：麦饭石奶锅、麦饭石炒锅

原料

鸡胸肉1块，秋葵1根，牛奶50毫升，奶酪1片，蘑菇、意面、洋葱各适量

调料

酱油2毫升，盐2克，芝麻油、食用油各适量，淀粉少许

制作方法

1 将鸡胸肉去筋膜，切小块，装碗，用淀粉、酱油、芝麻油腌渍入味。

2 将蘑菇洗净，切小块；秋葵焯水 1 分钟，捞出并切断；洋葱切小块。

3 麦饭石奶锅注水烧开，放入意面，煮 15 ~ 20 分钟，捞出，沥干水分待用。

4 麦饭石炒锅中倒油加热，放入洋葱、秋葵、蘑菇和鸡胸肉，翻炒至变色。

5 倒入牛奶和盐，搅拌均匀，加盖炖煮，至汤汁变少。

6 倒入沥干水的意面翻炒，再倒入奶酪片，翻炒均匀，盛出即可。

如果想让意面更快煮熟，可以放入少许食盐，能缩短煮制时间。

Chapter 05
用麦饭石锅做点心

汤圆、酥皮、花生粘、香蕉糖……各式各样的点心，总能在闲暇的午后时光，给你带来甜滋滋的小幸福。麦饭石锅利用食物本来的味道，经过一番调制烹饪，总能变换出充满惊喜与魅力的味道，一旦体会到这种乐趣，就会深陷其中，难以自拔。

翡翠豆沙饼

时间：35分钟 难易度：★★ 份量：2人份 锅具：麦饭石平底锅

原料

面粉200克，菠菜100克，红豆沙80克

调料

食用油适量

制作方法

1 菠菜去根，洗净后切成段，放入烧开的锅中烫约30秒捞出，放入搅拌机，加少许清水，制成菠菜汁，待用。

2 将面粉分成2份，一份加适量菠菜汁和成绿色面团，另一份加清水和成白色的面团，分别盖上保鲜膜，饧30分钟。

3 将饧好的面团分别擀成长面片，交错叠好，对半切开，再将切下的一半面皮重叠放在另一半上，再对半切开，如此重复，直至形成多层面皮。

4 将多层面皮切成小份，压扁，擀成薄片，一层薄片均匀涂抹一层红豆沙，再放上一层薄片，然后用刀均匀切成长片，即成豆沙馅饼生坯。

5 麦饭石平底锅倒油烧热，放入馅饼生坯，用小火煎至两面金黄，盛出即可。

菠菜不宜焯太久，以免失去其营养成分。

胡萝卜松饼

时间：15分钟 难易度：★ 份量：1人份 锅具：麦饭石平底锅、蒸锅

原料

胡萝卜80克，牛奶200毫升，鸡蛋1个，面粉60克

调料

番茄酱适量

制作方法

1 将洗净的胡萝卜去皮，切块，待用。

2 蒸锅注水烧开，放入胡萝卜，蒸至其熟软后捞出，用勺子压成胡萝卜泥。

3 鸡蛋打入碗中，加入牛奶、面粉，搅拌均匀，制成面糊。

4 将胡萝卜泥倒入面糊中，搅拌均匀。

5 麦饭石平底锅置于火上，开小火，倒入一勺面糊。

6 待底部面糊成形，翻面，烙 1 分钟后盛出制好的胡萝卜松饼。

7 接着做完剩下的胡萝卜松饼，食用时挤上番茄酱即可。

倒面糊时宜一次性快速倒入，不要一点点地倒，以免因受热时长不同出现一圈一圈的痕迹，影响成品美观。

菠菜虾皮奶酪小饼

时间：15分钟 难易度：★ 份量：1人份 锅具：麦饭石平底锅

原料

菠菜2颗，鸡蛋1个，低筋面粉35克，奶酪1片，虾皮、黑芝麻粉各适量

调料

盐 2 克，食用油少许

制作方法

1 将虾皮用清水洗净，浸泡 10 分钟；鸡蛋打开，搅散，制成蛋液；奶酪切粒。

2 菠菜焯后放入搅拌机，加清水打成汁，放入蛋液中，制成蛋糊。

3 将低筋面粉筛入蛋糊中，加入虾皮、盐，拌匀。

4 预热麦饭石平底锅，倒入少许食用油，舀一勺面糊，沿一个点自然滴落，成圆形小饼。

5 依次摊好小饼，待表面有小气泡撑破时翻面，继续煎 1 分钟。

6 待小饼煎好后，放入奶酪粒，待奶酪稍微融化，撒上黑芝麻粉，盛出即可。

在食用时，可以根据自己的口味与喜好，涂抹适量沙拉酱、番茄酱或果酱等酱料。

芒果酥皮

时间：45分钟 难易度：★★ 份量：3人份 锅具：麦饭石平底锅

原料

芒果、面粉各100克

调料

食用油少许

制作方法

1 芒果去皮，切下果肉，备用。

2 将面粉倒入碗中，分次加入适量温水，揉成面团。

3 面团上盖上保鲜膜，静置 30 分钟，将面团分成 3 个大小均匀的小团，擀成薄薄的圆形，制成面饼待用。

4 麦饭石平底锅中加入少许食用油，放入 1 张面饼，将芒果果肉码在面饼中间，从下至上轻轻卷起，慢慢翻转面饼，煎至面饼两面成金黄色后出锅。

5 依次做完余下的面饼，摆好盘即可。

煎制时放入少许油即可，这样煎出来清爽不油腻；也可以依个人喜好加入其他水果。

红豆小汤圆

时间：75分钟 难易度：★ 份量：2人份 锅具：麦饭石汤锅

原料

水发红豆50克，糯米粉200克

调料

淀粉、白糖各4克

制作方法

1 将糯米粉倒入盆里，加少许温水，搅匀并不断揉搓，使糯米粉粘连在一起，成糯米团。

2 将糯米团分成几等份，搓成长条后切小块，再搓成汤圆。

3 将红豆倒入麦饭石汤锅中，用中小火煮1个小时至红豆酥烂。

4 放入搓好的汤圆，搅散，用中小火续煮至汤圆浮起。

5 将淀粉加水调匀，倒入汤锅中，搅匀，加入白糖，煮片刻即可。

Cook Tip

煮红豆需要1小时，可以先煮上，然后开始做汤圆。女性食用的话，可将白糖换成有补血作用的红糖。

扫一扫二维码
视频同步学美味

燕麦薯圆糖水

时间：45分钟 难易度：★★ 份量：1人份 锅具：麦饭石奶锅

原料

红薯泥35克，糯米粉、花生各50克，燕麦片20克，水发薏米40克

调料

冰糖20克

制作方法

1 将红薯泥装碗，放入适量糯米粉，用手调匀，揉成红薯面团。

2 将面团搓成长条，切成3小段，取其中一段揉成细长条，切小段，并将小段面团揉成薯圆。

3 将薯圆外层均匀地裹上糯米粉。

4 锅中注水烧开，加入花生、薏米，用中火熬煮半小时，倒入薯圆和冰糖，拌匀。

5 倒入燕麦片拌匀，再煮至冰糖融化、薯圆飘起即可。

Cook Tip

建议选用完整谷粒的大燕麦片，以免成品过于黏稠；薏米需要提前泡6小时以上，泡软后再煮。

烧肉粽

时间：300分钟 难易度：★★ 份量：5~6人份 锅具：麦饭石炒锅、蒸锅

原料

糯米600克，五花肉500克，红葱头300克，干香菇8个，虾仁干30克，蒸熟的栗子12粒，粽叶、草绳各适量

调料

盐、白胡椒粉、生抽、台式甜辣酱、蚝油、料酒、食用油各适量

制作方法

1 将粽叶和草绳放入水中，浸泡4小时，洗净待用；干香菇用水泡发，洗净待用；糯米淘洗干净，提前浸泡1晚，沥干备用。

2 五花肉洗净、切块，装入碗中，加2勺生抽、3勺蚝油、3勺料酒、少许白胡椒粉和盐，拌匀，腌渍1小时以上；洗净的红葱头切片；香菇对半切开。

3 取麦饭石炒锅，置于火上，注入适量食用油，将红葱头冷油下锅，炸酥后捞出；锅中再分别倒入香菇、虾仁干和蒸熟的栗子，过油后捞出；将五花肉放入锅中，炒至上色后盛出。

4 锅底留油，倒入上述处理过的食材，翻炒匀，关火待用；取3片粽叶，叠成漏斗状，填入锅中食材，用手压实，再用草绳绑好粽子，依次包完剩下的食材。

5 将包好的粽子放入蒸笼，再把蒸笼放入烧热的蒸锅中，用中小火蒸3小时，关火，待粽子稍微冷却后剥开粽叶，食用时淋上台式甜辣酱即可。

本品中的肉选用的是五花肉，在捆扎粽子时，不可捆太紧，以免粽馅的肥汁漏入水中，使粽子失去原有的肥糯口感。

抱蛋煎饺

时间：20分钟 难易度：★ 份量：1~2人份 锅具：麦饭石平底锅

原料

鸡蛋2个，速冻饺子16个，葱花、黑芝麻各少许

调料

食用油适量

制作方法

1 麦饭石平底锅置于火上，注油烧热，摆放上速冻饺子。

2 转小火煎至饺子底部成形，注入适量清水。

3 盖上锅盖，煎至水干。

4 将鸡蛋打开，搅散，制成蛋液，倒入锅中，煎熟。

5 关火后撒上葱花、黑芝麻即可。

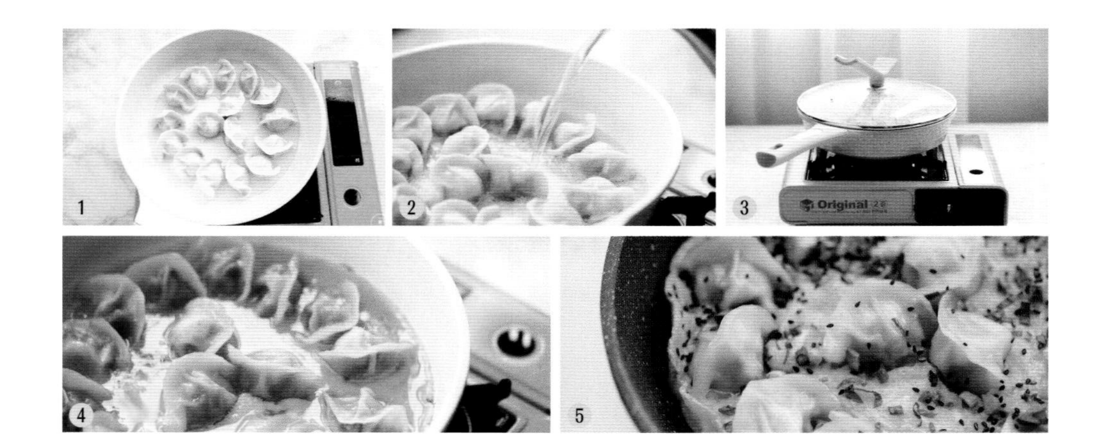

如果喜欢吃软一点的饺子，也可以先将饺子蒸熟，放入平底锅略煎，再加入蛋液。

扫一扫二维码
视频同步学美味

玫瑰煎饺

时间：30分钟　难易度：★★　份量：1人份　锅具：麦饭石平底锅

原料

肉末200克，鸡蛋1个，葱花、香菜各适量，饺子皮若干张

调料

盐2克，料酒、生抽各5毫升，芝麻油、胡椒粉、食用油各适量

制作方法

1 将鸡蛋打入碗中，搅散；往肉末中倒入料酒、生抽、葱花、胡椒粉、盐、芝麻油、蛋液，顺着一个方向搅拌至上劲。

2 将饺子皮以4张为一组摆成一排，相邻的两个部分重叠，再平铺上肉馅。

3 将下边缘的饺子皮向上叠起、压紧，再从左边开始将饺子皮向右卷起，挤成玫瑰饺子，依次做完剩余的饺子。

4 麦饭石平底锅倒油烧热，放入玫瑰饺子，煎至底部金黄。

5 倒入适量清水，加盖焖煮至食材熟透，开盖盛出，撒上葱花、香菜即可。

1

2

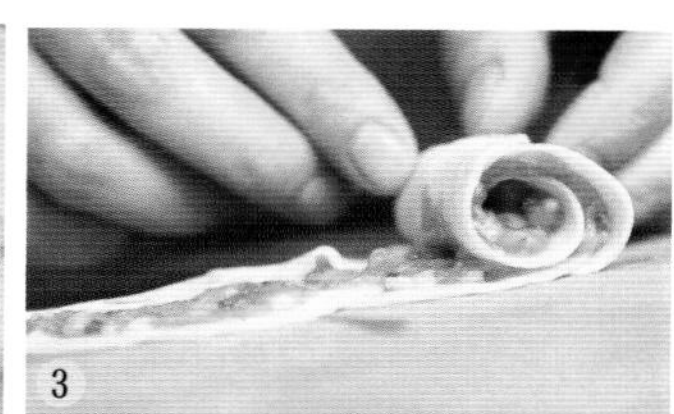
3

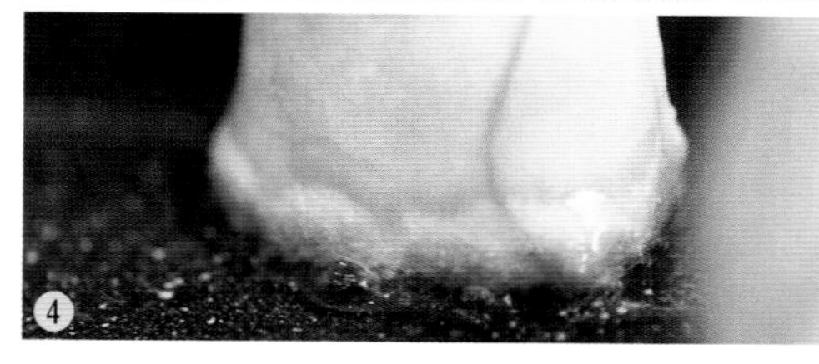
4

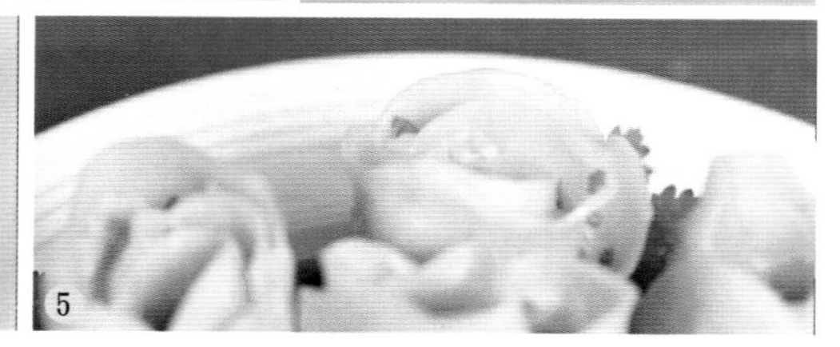
5

Cook Tip

卷玫瑰花形状时，4张饺子皮重叠的地方要稍微多些，放入的肉馅也不宜过多，否则会不牢固。

扫一扫二维码
视频同步学美味

脆皮燕麦香蕉

时间：20分钟　难易度：★　份量：2人份　锅具：麦饭石平底锅

原料

香蕉2根，玉米淀粉、燕麦片各适量，鸡蛋1个

调料

食用油适量

制作方法

1 鸡蛋打入碗中，调匀搅散。

2 香蕉去皮，切成小段。

3 香蕉段裹上玉米淀粉，放进鸡蛋液里裹上蛋液，再放进燕麦片碗中，沾满燕麦。

4 依次将剩余的香蕉段制作完成，装盘备用。

5 麦饭石平底锅注油加热，放入处理好的香蕉段，待底面煎至金黄后翻面。

6 继续煎至香蕉段两面金黄，关火后装盘盛出即可。

制作本品时，香蕉切段的长度要适中，淀粉和鸡蛋液要包裹均匀，并用小火煎制，以免煳锅。

炼乳香蕉糖

时间：20分钟　难易度：★★　份量：3人份　锅具：麦饭石平底锅

原料

香蕉2根，馄饨皮8张

调料

食用油、炼乳各适量

制作方法

1 将香蕉剥皮后切成小段，再对半切开。

2 切去香蕉多余的部分，形成糖块状的香蕉段。

3 取一张馄饨皮，中间部分抹上适量炼乳，放入一个香蕉段，对折包起来，将两头以相反方向拧成糖果的样子。

4 依样将余下的馄饨皮和香蕉段做好。

5 麦饭石平底锅中倒入食用油烧热，放入香蕉段。

6 底面微黄后翻面，煎至两面金黄，装盘盛出即可。

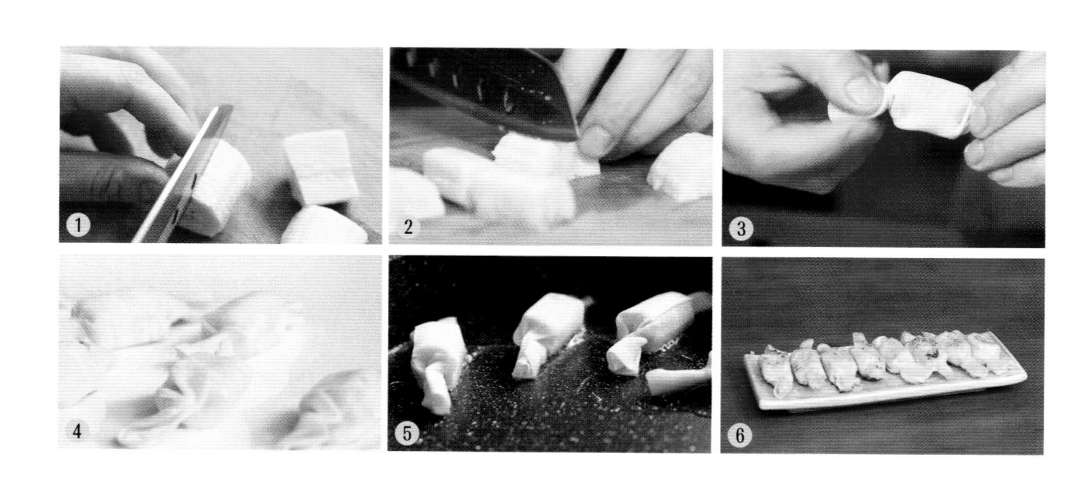

香蕉切完后修一下，尽量使每一段都平整，这样包起来才好看；馄饨皮上不要抹太多炼乳，否则会漏出来。

扫一扫二维码
视频同步学美味

花生粘

时间：40分钟 难易度：★ 份量：2人份 锅具：麦饭石炒锅

原料

花生米250克，玉米淀粉50克，可可粉20克

调料

白砂糖80克

制作方法

1 将花生米放入麦饭石炒锅，用小火不停翻炒，直至脆熟，盛出装碗，备用。

2 白砂糖倒入锅中，加入适量清水，不停搅拌熬煮，直至糖水起泡、变得浓稠。

3 将花生倒入糖汁中，让糖霜均匀地包裹在花生外面。

4 取一碗，倒入玉米淀粉和可可粉，筛入锅中，拌匀。

5 继续不停炒散花生，防止花生粘连。

6 直至花生稍凉、挂满糖霜，装盘盛出即可。

炒花生米时要用小火、不停铲动，不然很容易炒煳；炒糖汁时，如果出现密密的小泡，就说明熬至糖汁够黏稠了。

苹果派

时间：35分钟 难易度：★★ 份量：2人份 锅具：麦饭石平底锅

原料

苹果2个，低筋面粉150克，黄油60克，蛋液50克

调料

玉米淀粉10克，白砂糖8克，盐少许

制作方法

1 将黄油隔水融化；面粉中倒入部分黄油和蛋液，揉成面团，冷藏半小时；苹果切丁；玉米淀粉加水调匀。

2 麦饭石平底锅烧热，倒入剩余的黄油、苹果丁、白砂糖、盐、玉米淀粉，炒至黏稠，制成馅料。

3 取出面团，擀成圆形后放入模具，擀出多余的面皮，用叉子在面饼上戳上小孔。

4 将苹果馅料倒入模具中，多余的面皮切长条，交叉编放在馅料上，刷上蛋液，制成苹果派生坯。

5 放入预热好的烤箱中，以上、下火170℃，烤25分钟即可。

Cook Tip

制作苹果馅料时，可以根据苹果的甜度适当增减白砂糖的用量。

抹茶千层巧克力淋面

时间：90分钟 难易度：★★ 份量：2人份 锅具：麦饭石平底锅

原料

牛奶650克，鸡蛋4个，低筋面粉250克，抹茶粉10克，黄油70克，鲜奶油500毫升，巧克力100克

调料

白砂糖160克，盐、食用油各少许

制作方法

1 将牛奶和 50 克融化好的黄油倒入料理盆中，打入鸡蛋，搅匀。

2 低筋面粉放入盆中，加入抹茶粉、90 克白砂糖、盐，拌匀，筛入料理盆中，搅拌成顺滑的面糊。

3 将面糊过筛，滤入盆中，盖上保鲜膜，冷藏 1 小时。

4 麦饭石平底锅中注油抹匀，倒入适量面糊，转动锅子使其摊开，待表面凝固后铲起面皮，依此做完剩余的面糊。

5 将鲜奶油倒入盆中，将剩余的 70 克白砂糖分 3 次倒入，打发至起泡。

6 将做好的面皮抹上打发好的奶油，铺上面皮，再抹上奶油，一层层铺好。

7 将抹茶饼切成 4 个方块，淋上加热好的巧克力液，冷藏后取出，撒上抹茶粉即可。

把面糊倒入平底锅中时，要一点儿一点儿地倒，以免摊出来的面皮不均匀，影响口感。

松子鲜玉米甜汤

时间：25分钟　难易度：★　份量：1人份　锅具：麦饭石奶锅

原料

松子30克，玉米粒100克，红枣10克

调料

白糖15克

制作方法

1 麦饭石奶锅中注入适量清水烧开，倒入红枣、玉米粒，拌匀。

2 加盖，大火煮开后转小火煮10分钟至熟。

3 揭盖，放入松子，拌匀。

4 加盖，小火续煮10分钟至食材熟透。

5 揭盖，加入白糖。

6 搅拌约1分钟至白糖融化。

7 关火，将煮好的汤装入碗中即可。

Cook Tip

如果不喜欢过甜的口感，可以少放些白糖，或者用少许蜂蜜代替。

香蕉小饼

时间：20分钟 难易度：★ 份量：2人份 锅具：麦饭石平底锅

原料

香蕉1根，面粉200克，酵母4克，泡打粉3克

调料

白糖100克，猪油7克，食用油适量

制作方法

1 香蕉去皮制成泥；面粉加入酵母、泡打粉、白糖，揉成面团。

2 面团中加入香煎泥、猪油揉匀，制成香蕉泥面团，发酵约10分钟。

3 将面条搓成长条，切小块压成圆饼，制成生坯。

4 麦饭石平底锅注油烧热，转小火放入饼坯，煎出香味。

5 待面饼呈焦黄色后翻面，煎至两面熟透，装盘盛出即可。

Cook Tip

可以将揉搓好的面团放入冰箱中静置、发酵，做好的成品口感会更有韧性。

黑糖渍苹果

时间：30分钟 难易度：★ 份量：1人份 锅具：麦饭石奶锅

原料

苹果1个，红酒半杯，酸奶适量

调料

红糖20克，八角1个，黑胡椒粒适量

制作方法

1 洗净的苹果带皮切成 6 等份。

2 麦饭石奶锅中倒入红酒、红糖、八角和适量水，撒入适量黑胡椒粒，煮沸。

3 放入苹果，小火熬煮 20 分钟后捞出。

4 用中火将汁水续煮至黏稠，淋在苹果上。

5 浇上备好的酸奶即可。

Cook Tip

苹果先用微波炉加热一会儿，可以减少熬煮的时间；煮的过程中要多搅拌几次，以免粘锅。